Andrea Lenz

Stationenarbeit zu Zerlegungen der Zahl 10 unter Einbeziehung bekannter Übungsformen (1. Schuljahr)

GRIN Verlag

Bibliografische Information der Deutschen Nationalbibliothek:

Die Deutsche Bibliothek verzeichnet diese Publikation in der Deutschen National-
bibliografie; detaillierte bibliografische Daten sind im Internet über http://dnb.d-
nb.de/ abrufbar.

Impressum:

Copyright © 2006 GRIN Verlag GmbH
Druck und Bindung: Books on Demand GmbH, Norderstedt Germany
ISBN: 978-3-640-73799-4

Dieses Buch bei GRIN:

http://www.grin.com/de/e-book/74071/stationenarbeit-zu-zerlegungen-der-zahl-
10-unter-einbeziehung-bekannter

GRIN - Your knowledge has value

Der GRIN Verlag publiziert seit 1998 wissenschaftliche Arbeiten von Studenten, Hochschullehrern und anderen Akademikern als eBook und gedrucktes Buch. Die Verlagswebsite www.grin.com ist die ideale Plattform zur Veröffentlichung von Hausarbeiten, Abschlussarbeiten, wissenschaftlichen Aufsätzen, Dissertationen und Fachbüchern.

Besuchen Sie uns im Internet:

http://www.grin.com/

http://www.facebook.com/grincom

http://www.twitter.com/grin_com

Staatliches Studienseminar für das Lehramt an Grund- und Hauptschulen
Adolf Reichwein Studienseminar
Westerburg

Unterrichtsentwurf

für die benotete Lehrprobe im Fach Grundschulpädagogik

Thema der Unterrichtsreihe:

Zahlzerlegungen im Zahlenraum bis 10

Thema der Stunde:

Stationenarbeit zu Zerlegungen der Zahl 10 unter Einbeziehung bekannter Übungs-
formen

Schule: Grundschule

Klasse: 1b

Datum: 16.11.2006

Unterrichtszeit: 9.45 – 10.35 Uhr

1. Struktur und Begründungszusammenhang des Themas

1.1 Fachliche und überfachliche Erschließung des Inhalts

Zur Zerlegung von Zahlen

Unter dem Zerlegen von Zahlen versteht man das Aufteilen einer Zahl in zwei oder mehrere Summanden, z.B. 10 = 6+4.

Jede Zahl n kann in n+1 Zerlegungen mit zwei Summanden zerteilt werden. Darüberhinaus sind weitere Zerlegungen mit mehr als zwei Summanden möglich, z.B. 10= 2+3+5. Die Zerlegung in zwei Summanden ist die in der Grundschule gebräuchlichste Form.

Üblich ist die Notation der Zerlegungen in Zahlenhäusern (vgl. Arbeitsblatt zu Schüttelboxen).

Die Zahlzerlegung hat zentrale Bedeutung im Mathematikunterricht der Grundschule[1]:

Sie ist zum einen wichtige Grundlage für den Übergang von Zählstrategien zu heuristischen Strategien[2]. Außerdem wird durch das Zerlegen von Zahlen deren operative Struktur erschlossen und somit die Addition und Subtraktion, vor allem auch der Zehnerübergang, vorbereitet[3].

Durch die Zerlegung von Zahlen können die Schüler weiterhin Zahlbeziehungen erkennen[4].

Die Zahlzerlegung erfolgt im Mathematikunterricht des ersten Schuljahres zunächst durch konkrete Handlungen[5] (enaktive Ebene), z.B. mit Wendeplättchen oder Schüttelboxen. Es schließt sich die Notation von Zerlegungen zuerst in ikonischer Form an – z.B. durch Aufzeichnen von Plättchen oder Punktmengen – bevor zur symbolischen Darstellung mit Ziffernschreibweise übergegangen wird.

---

[1] Vgl. Radatz/Schipper S. 98
[2] vgl. Padberg S. 42
[3] vgl. Padberg S. 43, Regelein/Wittassek S. 79
[4] vgl. Regelein/Wittassek S.79
[5] vgl. Padberg S. 41

3

Ziel der Zahlzerlegungsübungen im ersten Schuljahr ist die Automatisierung der Zerlegungen durch „ständige Wiederholung und abwechslungsreiches Üben"[6].

Die Zerlegungen der Zahl 10

Die Zahl 10 kann in elf Zerlegungen mit zwei Summanden dargestellt werden: 0+10, 1+9, 2+8, 3+7, 4+6, 5+5, 6+4, 7+3, 8+2, 9+1, 10+0.

Der Zehnerzerlegung kommt besondere Bedeutung zu, da sie beim späteren Auffüllen zum vollen Zehner bzw. Rechnen mit Zehnerübergang ständig verwendet wird.

1.2 Begründungszusammenhang

1.2.1 Gegenwarts- und Zukunftsbedeutung

Die Zerlegung von Zahlen wird von den Kindern im alltäglichen Leben schon unbewusst durchgeführt, wie zum Beispiel beim Einteilen von Spielgruppen oder Verteilen von Bonbons unter Freunden. Die Zahlzerlegung im Mathematikunterricht kann dazu beitragen, den Kindern die Verwendung von Mathematik und damit die Bedeutung derselben im täglichen Leben vor Augen zu führen.

Da die Zahlzerlegung Grundlage für Addition und Subtraktion ist, hat sie zentrale Bedeutung für den Erwerb weiterführender Rechenkompetenzen, die zur erfolgreichen Bewältigung des täglichen Lebens erforderlich sind.

Im täglichen Umgang mit den Mitmenschen sind das selbstständige Arbeiten sowie das Einhalten von Regeln und Absprachen Schlüsselkompetenzen des Sozialverhaltens.

Im Sinne der ganzheitlichen Entwicklung der Kinder ist auch die Schulung der verschiedenen Wahrnehmungskanäle – in dieser Stunde des auditiven, visuellen und taktilen Kanals – von großer Bedeutung.

1.2.2 Exemplarische Bedeutung

Anhand der Zerlegungen von Zahlen im Zahlenraum bis 10 können die Kinder das Prinzip der Zerlegung exemplarisch kennen lernen und später auch auf größere Zahlen übertragen.

---

[6] Padberg S. 42

Die in der Stunde verwendeten Materialien berücksichtigen exemplarisch die drei Darstellungsebenen in der Mathematik (enaktiv, ikonisch, symbolisch), welche den gesamten Mathematikunterricht der Grundschule durchziehen.

1.2.3 Zugänglichkeit des Themas

Durch den hohen Aufforderungscharakter der Materialien und ihre Begeisterung für das Zählen von Dingen werden die Kinder schnell Zugang zum Thema der Stunde erlangen. Begünstigt wird dieser zusätzlich dadurch, dass die Materialien und Arbeitsweisen den Schülern bekannt sind und die Kinder sicher mit ihnen umgehen können.

1.2.4 Übereinstimmung mit dem Rahmenplan

Im Teilrahmenplan Mathematik für das Land Rheinland-Pfalz wird die Zahlzerlegung als Unterpunkt von Zahlbegriff und Zahlvorstellung aufgeführt[7].

Die Zahlzerlegung dient der Entwicklung einer Zahlvorstellung, dem verständigen Umgehen mit Zahlen sowie dem Aufbau heuristischer Zählstrategien und trägt damit maßgeblich zum Erreichen der im Leistungsprofil[8] für die Grundschule geforderten Lernleistungen bei. Dem dort ebenso geforderten „Verfügen über visuelle Wahrnehmungsfähigkeit"[9] wird durch das Erfassen von Plättchenmengen, Perlenverteilung in Schüttelboxen sowie gedruckten Punktmengen in dieser Stunde Rechnung getragen. Auch für das „gedächtnismäßige Verfügen über das Einspluseins"[10] werden wichtige Grundlagen gelegt.

Die vorliegende Stunde trägt dazu bei, die Darstellung mathematischer Sachverhalte zu üben[11] und Kenntnis und Anwendungsmöglichkeiten mathematischer Zeichen und Notationsformen zur vertiefen[12].

Der Forderung nach Nutzung verschiedener Lernkanäle[13] wird Folge geleistet:
Die Stimulierung der auditiven Wahrnehmung erfolgt im Einstieg, der Fühlsinn wird an der gelben Station gefördert.

---

[7] vgl. Teilrahmenplan S. 35
[8] vgl. Teilrahmenplan S. 23f
[9] vgl. Teilrahmenplan S. 22
[10] vgl. Teilrahmenplan S. 24
[11] vgl. Teilrahmenplan S. 22
[12] vgl. Teilrahmenpülan S. 24
[13] vgl. Teilrahmenplan S. 30

Die visuelle Wahrnehmung wird in der Plättchenwurf- (blaue Station) und in der Schüttelbox-Aufgabe (grüne Station) geschult.

Zusätzlich erfolgt die Zahlzerlegung auf allen Abstraktionsebenen[14]: Enaktiv durch Plättchen und Schüttelboxen, ikonisch durch Aufzeichnen der Plättchen bzw. Perlen sowie bei der Mengenerfassung in der Zusatzaufgabe (rote Station). Die symbolische Darstellung kann an allen Pflichtstationen geübt werden.

Die Schüler haben in der vorliegenden Stunde die Möglichkeit, ihre Lernergebnisse selbst zu kontrollieren (Fühlstation - gelb) und die eigenen Lernprozesse zu reflektieren[15].

1.2.5 Unterrichtliche Kontinuität

Die unten skizzierte Unterrichtseinheit stellt eine Möglichkeit der Einführung in Zerlegungsaufgaben dar. Da Zahlzerlegungen jedoch wichtige Voraussetzung und Hilfe bei der Automatisierung des kleinen Einspluseins sind, sollten sie immer wieder in den Unterricht einbezogen werden

1. Stunde	„Plättchen werfen" – handlungsorientierte Zahlzerlegungen der 5
2. Stunde	Handlungsorientierte Zerlegungen der Zahl 8 mithilfe von „Schüttelboxen"
3. Stunde	**Stationenarbeit zu Zerlegungen der Zahl 10 unter Einbeziehung bekannter Übungsformen**
4. Stunde	Einführung der systematischen Darstellung aller Zerlegungen der Zahlen bis 10

1.3 Folgerungen für die didaktische Reduktion und Strukturierung

Um die Zerlegungen von Zahlen zu automatisieren, muss diese immer wieder geübt werden. Zur Vermeidung von Langeweile sollten die Übungen abwechslungsreich gestaltet sein, wie dies in der vorliegenden Stunde durch die unterschiedlichen und auffordernden Materialien der Fall ist.

---

[14] vgl. Teilrahmenplan S.35
[15] vgl. Teilrahmenplan S. 25

Es ist sinnvoll, die Zahlzerlegung frühzeitig in dem den Kindern bekannten Zahlen-raum bis 10 zu üben, da sie im weiteren Mathematikunterricht immer wieder ge-braucht wird.

Kinder im ersten Schuljahr haben häufig noch Schwierigkeiten im Umgang mit der symbolischen Darstellung von Mengen. Daher ist es wichtig, die Zerlegungen an konkreten Materialien zu erproben und über die ikonische Ebene den Zugang zur Ziffernschreibweise nach und nach anzubahnen.

1.4 Erweisbarkeit

Ob die Schüler das Ziel der Stunde erreichen, lässt sich an der korrekten Notation der verschiedenen Zerlegungen der Zahl 10 erkennen.

Inwiefern das selbstständige Arbeiten möglich ist, zeigt sich daran, ob die Schüler zielgerichtet an die Aufgaben herangehen oder unsicher und unentschlossen bei der Auswahl und Bearbeitung der Stationen sind.

An der Lautstärke während der Stationenarbeit und am Zurückstellen der Arbeitsma-terialien sieht man, dass die Schüler in der Lage sind, vereinbarte Regeln einzuhal-ten.

Die Qualität der Rückmeldungen in der Reflexionsphase lässt Rückschlüsse auf die Fähigkeit der Kinder zur Reflexion eigener Lernprozesse zu.

2. Unterrichtsbedingungen

2.1 Allgemeine Situation in der Klasse

Die Klasse 1b der Grundschule wird zur Zeit von 24 Kindern (10 Mädchen) aus … besucht. Die meisten Kinder kommen mit dem Bus zu Schule.

N. wiederholt die erste Klasse. Er ist in der zweiten Schulwoche in die Klasse ge-kommen und gut integriert. Me. wurde letztes Jahr aus dem ersten Schuljahr ausge-schult und besuchte den Schulkindergarten. Auch Je. wurde ein Jahr zurückgestellt und hat den Schulkindergarten besucht.

Ne., Na. und Ma. sind „Kann-Kinder". Zwischen Ne. und N. bestehen so über zwei Jahre Altersunterschied.

In der Klasse herrscht ein freundliches, aufgeschlossenes Klima, nur selten kommt es zu Streitigkeiten zwischen den Schülern. Feste Freundschaften haben sich noch nicht gebildet, die Kinder spielen mit wechselnden Spielpartnern.

Die Schüler lassen sich bereitwillig auf neue Unterrichtsangebote ein und gehen mit großem Eifer und hoher Motivation an die Arbeit. Viele Kinder lassen sich schnell durch Aktivitäten auf dem Schulhof ablenken oder schauen gerne einmal bei den Mitschülern, wie deren Arbeit vorangeht, statt selbst zu arbeiten. Dieses Verhalten ist jedoch meiner Meinung nach natürlich bei Schulanfängern und kann durch entsprechend motivierende Materialien und gezielte Aufforderung zur Weiterarbeit gemindert werden.

2.2 Voraussetzungen für diese Stunde

In der Klasse eingeführte Sozialformen und Signale
Die in der Stunde verwendeten Sozialformen Sitzkreis, Kinderkino, Einzel- und Partnerarbeit sind den Kindern aus dem bisherigen Unterricht bekannt.
Der Sitzkreis in der Klassenmitte wird durch das Hinstellen des Lehrerstuhls (optischer Impuls) eingeleitet, die Schüler setzen sich mit ihren Stühlen direkt neben ihren Tischen in den Kreis und rücken auf, wenn an einer Stelle zu wenig Platz ist.

Neben dem Bereitstellen des Lehrerstuhls sind die Schüler weitere Signale gewöhnt: Schlägt die Lehrerin den Klangbaustein („Gong") an (akustischer Impuls), werden alle ruhig.
Die Ampel neben der Tür zeigt, ob und wie gesprochen werden darf (optischer Impuls): Bei „rot" sind alle still, weil etwas Wichtiges erklärt wird oder in Stillarbeit gearbeitet werden soll. Leuchtet das gelbe Licht, darf geflüstert werden. Das grüne Signal zeigt normale Redelautstärke und Pausen an.

Methodische Mittel

In Gesprächsrunden sind die Kinder es gewöhnt, sich gegenseitig das Wort weiterzugeben und können schon recht gut zuhören.

Die gewählte Form der Stationenarbeit wie auch die in der Stunde verwendeten Materialien und der Umgang mit denselben sind den Kindern vertraut.

Lernvoraussetzungen einiger Schüler

Na, Du., Mi., Le., N., Ol., Dr. und Vi. arbeiten in der Regel zielgerichtet und mit wenigen Fehlern.

He., La., Lu. und Ne. lassen sich leicht ablenken und müssen immer wieder ans Weiterarbeiten erinnert werden. He. und Ne. sind zudem sehr verträumt und arbeiten daher - wie auch Lu., La., Me., Je. und Ma. - recht langsam.

Mehreren Schülern - darunter zum Beispiel La., You., Me., Ne. und Je.– fällt es noch schwer, die Ziffern korrekt und ohne Zahlendreher aufzuschreiben. Die Vorgabe durch die Holzzahlen in den Fühlboxen erinnert sie an die richtige Schreibweise, außerdem können diese Schüler an der Station Schüttelbox statt der symbolischen auch die ikonische Darstellung der Zerlegungen wählen.

Je. und Me. haben oft noch Orientierungsprobleme bei der Stationenarbeit und stehen unschlüssig herum, statt eine Arbeit zu beginnen. Ihnen hilft es, wenn die Lehrkraft mit ihnen zum „Laufzettel" geht und sie fragt, welche Station sie als nächstes bearbeiten möchten. Da sie auch Defizite in der visuellen Wahrnehmung haben, ist für Je. und Me. das Arbeiten mit konkreten Materialien sehr wichtig.

Ne. ist seinen Mitschülern aufgrund der Wiederholung des ersten Schuljahres im Moment im Unterrichtsstoff voraus. Um Langeweile und damit die Gefahr von „Kaspereien" seinerseits zu vermeiden, werde ich ihm die Möglichkeit geben, die verschiedenen Aufgaben mit den Zerlegungen der 20 durchzuführen.

3. Methodische Überlegungen

Schwerpunkt: Medien

Wendekarten mit Zehnerzerlegungen

Die im Einstieg für das Spiel „Stehaufmännchen" eingesetzten Wendekarten zeigen je eine Zerlegung der 10 in Ziffernschreibweise (Vorderseite) sowie Punktmengendarstellung (Rückseite). Die Schüler haben so je nach individuellem Leistungsstand die Möglichkeit, die auf dem Glockenspiel gespielten Zerlegungen Ton für Ton an den Punkten mitzuzeigen oder im Kopf mitzuzählen und die gezählte Menge mit den Ziffern auf ihrer Karte zu vergleichen.

Die farbige Notation (rot für den ersten, blau für den zweiten Summanden) bietet Orientierung für Kinder, die sich noch nicht an das Lesen von links nach rechts gewöhnt haben: rote Zahlen/Punkte werden immer zuerst gespielt.

Die Wendekarten können außerdem ergänzend zu den Aufgaben der Blitzrechenkartei (rote Station) eingesetzt werden.

„Laufzettel" an der Tafel

Der „Laufzettel" für diese Stationenarbeit wird an die Tafel geheftet. Er besteht aus farbigen Häusern und Bildkarten mit den Arbeitsaufträgen.

Die farbigen Häuser ersetzen die sonst bei Stationenarbeit übliche Nummerierung der Stationen. Je ein Haus einer Farbe hängt an der Tafel, das zweite ist dort aufgestellt, wo die Materialien für die entsprechende Station zu finden sind. Da meist alle Schulanfänger die Farben, aber nicht alle die Ziffern kennen, stellen die Häuser eine gute Möglichkeit dar, die Schüler schon in den ersten Schulwochen an die Stationenarbeit zu gewöhnen.

Die Arbeitsaufträge werden durch weitgehend selbsterklärende Bildkarten dargestellt. Die Schüler werden diese in der Erarbeitung erklären, sodass die Lehrkraft sich zurücknehmen kann.

Durch diese Auflistung der Aufgaben ist ein Laufzettel für jeden einzelnen Schüler nicht mehr nötig.

Im bisherigen Einsatz dieser Medien hat sich gezeigt, dass die Schüler im Verlauf der Arbeit immer wieder zu den Bildkarten gehen, um sich Orientierung über die noch abzuleistenden Stationen zu verschaffen.

Station Fühlen (gelb)

In den aufgestellten Fühlkästen befinden sich je zwei Holzplättchen mit eingravierten Zahlen, die - verbunden mit einem Pluszeichen - eine Zerlegung der Zahl 10 darstellen. Die Schüler haben so die Möglichkeit, Zehnerzerlegungen mit ihrem Tastsinn zu erfahren und anschließend auf ihrem Arbeitsblatt einzutragen. Die Holzplättchen werden am Boden der Kisten fixiert, um ein Verrutschen zu vermeiden.

Zur Überprüfung ihrer notierten Ergebnisse liegt ein Kontrollblatt bereit.

Durch das Nachfahren der Gravuren vertiefen die Kinder zusätzlich die Schreibweise der Ziffern.

Bei der Planung dieser Unterrichtsstunde habe ich alternativ die enaktive Darstellung der beiden Summanden mit auf Karteikarten geklebten Streichhölzern und runden Filzgleitern überdacht. In einer praktischen Erprobung stellte sich jedoch heraus, dass es den Kindern sehr schwer fällt, die Anzahl der Hölzer und Filzpunkte korrekt zu erfassen, sich zu merken und anschließend zu notieren. Die Fehlerquote war schon bei einer Gesamtmenge von acht Hölzern hoch und würde mit zunehmender Gesamtmenge weiter steigen. Dies hätte zur Folge, dass die notierten Ergebnisse keine Zerlegungen der 10 mehr darstellen und daher kontraproduktiv wirken. Bei kleineren Gesamtmengen, z.B. bis maximal fünf Elemente, kann diese Aufgabe jedoch sicherlich gewinnbringend eingesetzt werden.

Station Plättchen werfen (blau)

Die Summanden der Zehnerzerlegungen werden an dieser Station durch rot-blaue Wendeplättchen dargestellt.

Die Schüler lassen die Plättchen auf den Tisch fallen und notieren - je nach Leistungsstand mit oder ohne vorheriges Ordnen (enaktiv)– die Zerlegungen durch passendes Ausmalen der Kreise (ikonisch) und anschließend in Ziffernschreibweise im Zahlenhaus (symbolisch). Alle mathematischen Abstraktionsebenen werden so aufeinander aufbauend benutzt.

Durch die Beispielaufgabe auf dem Arbeitsblatt können sich die Schüler den Arbeitsauftrag erschließen. Zusätzlich können sie bei Bedarf die farbige Notation der Ziffern übernehmen und so einen engeren Zusammenhang zwischen ikonischer und symbolischer Darstellung herstellen.

Das Werfen der Plättchen wirkt motivierend und spannend, sodass die Kinder spielerisch und unbewusst lernen.

Station Schüttelbox (grün)

Auch das Schütteln der Schüttelboxen stellt eine bei den Kindern beliebte Zerlegungshilfe dar. Im Gegensatz zu den Wendeplättchen werden die Summanden an dieser Station in der gleichen Farbe dargestellt, die Zerteilung der Gesamtmenge wird durch die Verteilung der Perlen auf die zwei Fächer deutlich.

Um einem Verschütten der Perlen entgegenzuwirken, ist die Oberseite der Box mit einem Klebeetikett versehen, das zusätzlich die Anzahl der Perlen zeigt.

Die Notation der geschüttelten Zerlegungen erfolgt – je nach individuellem Leistungsstand – in ikonischer oder symbolischer Form, einige Kinder werden sicher auch beide Möglichkeiten nutzen. Daher ist die Vorgabe eines Beispiels auf dem Arbeitsblatt nicht sinnvoll. Bei Unsicherheit können die Kinder sich an dem Arbeitsauftrag an der Tafel orientieren.

Zusatzstation: Blitzrechnen (rot)

An dieser Station können Schüler, welche die übrigen Stationen bereits absolviert haben, die Zerlegungen der 10 ohne konkretes Material in Partner- oder Einzelarbeit üben. Ein Schüler erfasst die ikonisch dargestellte Zehnerzerlegung, der Partner kontrolliert auf der Rückseite.

Alternativ zu dieser Übung wäre auch das Zuordnen von Kartenpaaren mit symbolischer Darstellung auf der einen und ikonischer Punktmengendarstellung auf der anderen Karte möglich. Ich habe mich dagegen entschieden, da die gewählte Übung erstens eine andere Sozialform ermöglicht und zweitens die Versprachlichung der Zerlegungen fordert. Außerdem müssen keine neuen Materialien erstellt werden, weil entsprechende Übungen mit der zum Lehrwerk gehörenden „Blitzrechenkartei" wie auch mit den Wendekärtchen aus dem Einstieg möglich sind.

Smileykarten

In der Reflexionsphase werden Karten mit lachendem, neutralem oder traurigem Smiley-Gesicht eingesetzt, die zusätzlich farblich markiert sind (grün, gelb, rot).

Diese sind leicht verständlich für Erstklässler und helfen, schon früh im ersten Schuljahr die Reflexion eigener Lernprozesse anzubahnen: In Verbindung mit einem Satzmuster wie z.B. „Ich fand es schwer / leicht …, weil …" können so pauschale Kommentare wie „Ich fand alles schön /gut" vermieden werden.

4. Lernziele

Zentrale Intention

Die Schüler üben im Rahmen eines Stationenlernens die Zerlegungen der Zahl 10 auf der enaktiven, ikonischen und symbolischen Ebene.

Zielbereiche:

Die Schüler

- üben das Erkennen der Zahlzerlegungen der 10
- üben die Notation der Zehnerzerlegungen auf ikonischer und symbolischer Ebene
- schulen ihre visuelle, taktile und auditive Wahrnehmung
- verbessern ihre Fähigkeit zum selbstständigen Arbeiten
- üben das Einhalten vereinbarter Regeln (Stationenarbeit, Gesprächsregeln)
- vertiefen ihre Fähigkeit zur Reflexion eigener Lernprozesse

5. Verlaufsplan

Phase / Zeit	Unterrichtsgeschehen	Did. – meth. – Kommentar	Sozialform / Medien
Einstieg ca. 10 min 9.45 – 9.55 h	• **Spiel: Stehaufmännchen** ⇨ jedes Kind erhält eine Aufgabenkarte ⇨ L. spielt Zerlegungen der 10 auf dem Glockenspiel (2 verschiedene Töne) ⇨ S. mit passender Aufgabenkarte stehen schnell auf ⇨ Zum Schluss: Feststellung, dass immer insgesamt zehn Töne gespielt wurden	• Schulung der auditiven Wahrneh-mung ⋏ Einstimmung ⋏ Bewegungsimpuls ⋏ Hinweis auf Stundenthema	• Sitzkreis ⋏ Aufgabenkarten ⋏ Glockenspiel

Erarbeitung
 	
ca. 10 min
 	
9.55 – 10.05 h
	• **Erklärung der Stationenarbeit**
	⇨ L. heftet nacheinander die vier Stati-onshäuser mit den Arbeitsaufträgen an die Tafel
	⇨ S. erklären Aufträge
	⇨ Wiederholung der Regeln für die Statio-nenarbeit
	   – Beende eine Aufgabe, bevor du eine neue beginnst!
	   – Arbeite leise!
	   – Bringe das Material zurück an die Station, wenn du fertig bist!
		• stummer Impuls
		⋏ Schüler können sich während der Stunde immer wieder an der Tafel orientieren.
		⋏ Schüleraktivität, Unterrichtsge-spräch
			• Kinderkino
			⋏ Stationshäuser
			⋏ Bildkarten (Ar-beitsaufträge)

Anwendung ca. 20 min 10.05 – 10.25 h	• **Arbeit an den Stationen** ⇨ S. arbeiten selbstständig ⇨ L. berät und unterstützt ⇨ Hinweis nach ca. 18 Minuten: Arbeit langsam beenden, nichts Neues mehr anfangen	⋏ Schüleraktivität • Visuelle und taktile Wahrnehmung der Zehnerzerlegungen • Darstellung der Zehnerzerlegun-gen auf ikonischer, symbolischer und sprachlicher Ebene • Üben des selbstständigen Arbei-tens	• Einzelarbeit / Part-nerarbeit ⋏ Arbeitsblätter ⋏ Kontrollblätter ⋏ Schüttelboxen ⋏ Wendeplättchen ⋏ Fühlkisten ⋏ Blitzrechnen-Karten

Reflexion ca. 10 min 10.25 – 10.35 h	• **Reflexion des Lernprozesses** ⇦ L.: (nimmt die rote Smiley-Karte) „Ich fand es schwierig,…." ⇦ S. wählen eine der Reflexionskarten und erklären, welche Aufgaben ihnen leicht/schwer gefallen sind. ⇦ Meldekette	• Über des Einhaltens von Regeln • Reflektieren eigener Lernprozesse ⋏ Vorgabe eines Satzmusters	• Sitzkreis ⋏ Reflexionskarten „Smileys"

6. Literatur

- Ministerium für Bildung, Frauen und Jugend Rheinland-Pfalz: Rahmenplan Grundschule – Teilrahmenplan Mathematik, Sommer Druck und Verlag, Grünstadt 2002
- Padberg, Friedhelm: Didaktik der Arithmetik, 3. erweiterte und völlig überarbeitete Auflage, Spektrum Akademischer Verlag der Elsevier GmbH, München 2005
- Radatz, Hendrik / Schipper, Wilhelm: Handbuch für den Mathematikunterricht an Grundschulen, Schroedel Verlag, Hannover 1983
- Regelein, Silvia / Wittassek, Edith: Der gesamte Mathematikunterricht im 1. Schuljahr, Reihe: Prögel Praxis, Oldenbourg Verlag, München 2002
- Wittmann, Erich Ch. / Müller, Gerhard N.: Blitzrechnen - Kartei 1. Schuljahr, Klett Verlag, Leipzig 2004

7. Anhang

Wendekärtchen mit Zerlegungsaufgaben

Vorderseite   Rückseite

$$8+2$$

Bildkarten: Arbeitsaufträge an den Stationen

Zusatzstation: Blitzrechnen   Station: Fühlen

Station: Plättchen werfen   Station: Schüttelbox

Arbeitsblätter

Station: Schüttelbox   Station: Plättchen werfen

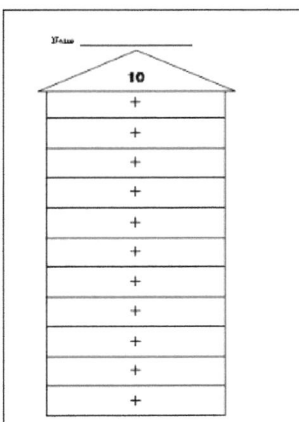

Station: Fühlen

Name	
1	
2	
3	
4	
5	

Lösung	
1	5+5
2	6+4
3	1+9
4	7+3
5	2+8

Die Arbeitsblätter für Nico sind entsprechend gestaltet.

Name: _____

	10		
6	+	4	
	+		
	+		
	+		
	+		
	+		
	+		
	+		
	+		
	+		
	+		

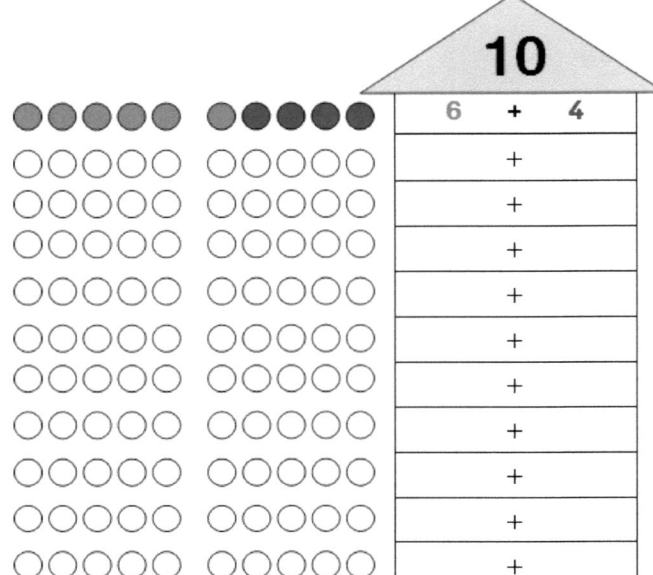

Name: _____

	10		
6	+	4	
	+		
	+		
	+		
	+		
	+		
	+		
	+		
	+		
	+		
	+		

Name: _____

10										
+	+	+	+	+	+	+	+	+	+	+

Name: _____

10										
+	+	+	+	+	+	+	+	+	+	+

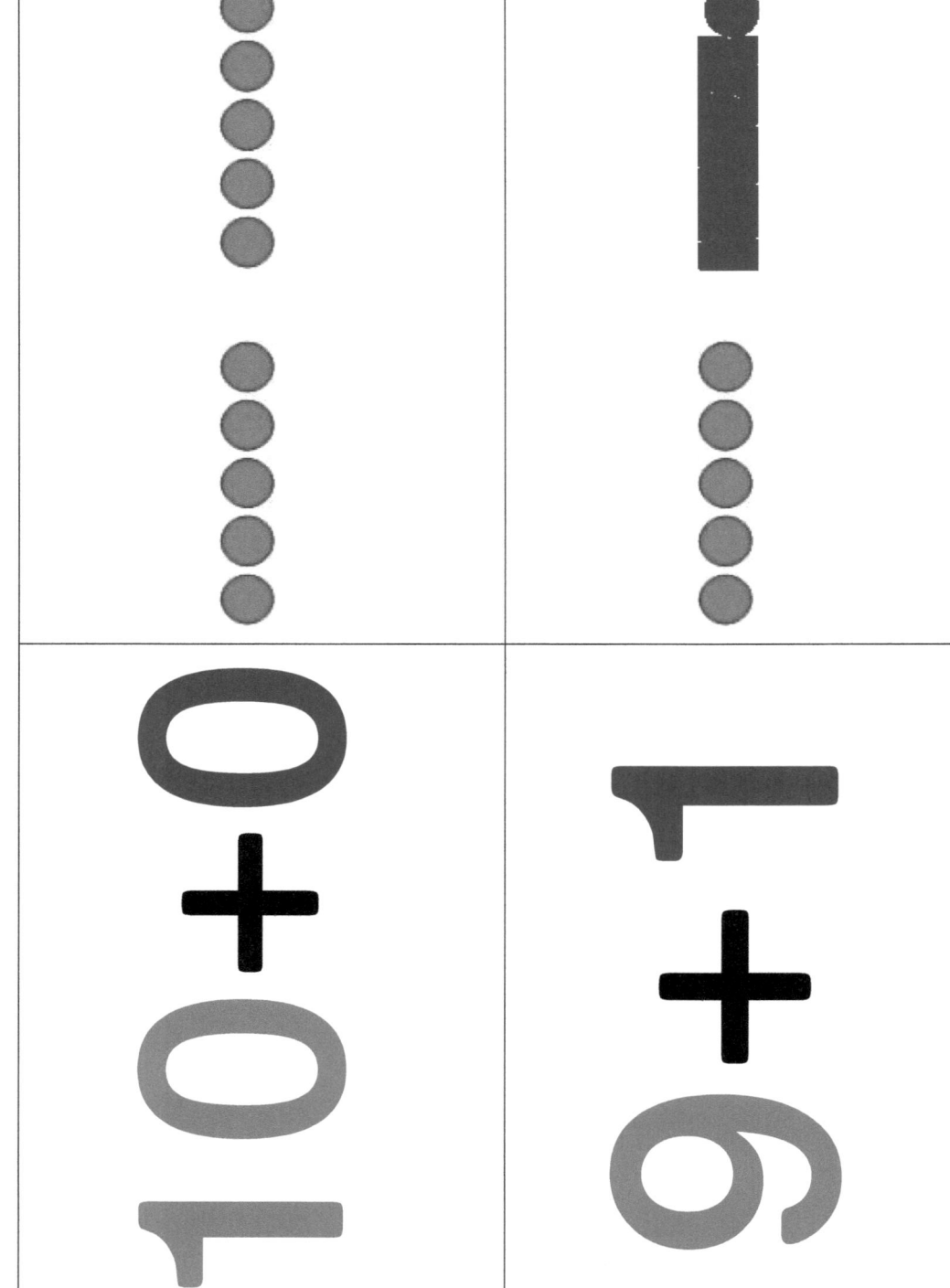

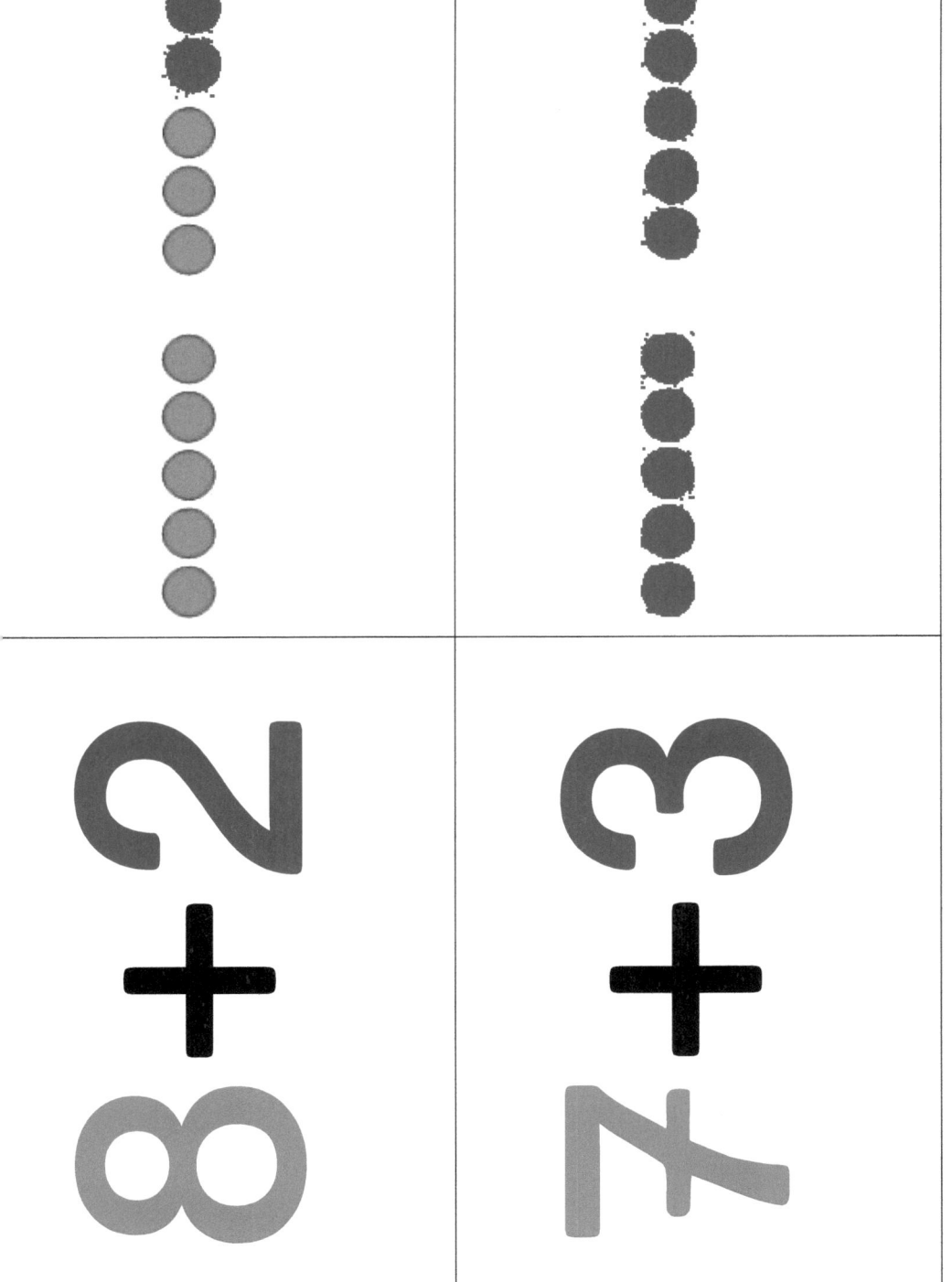

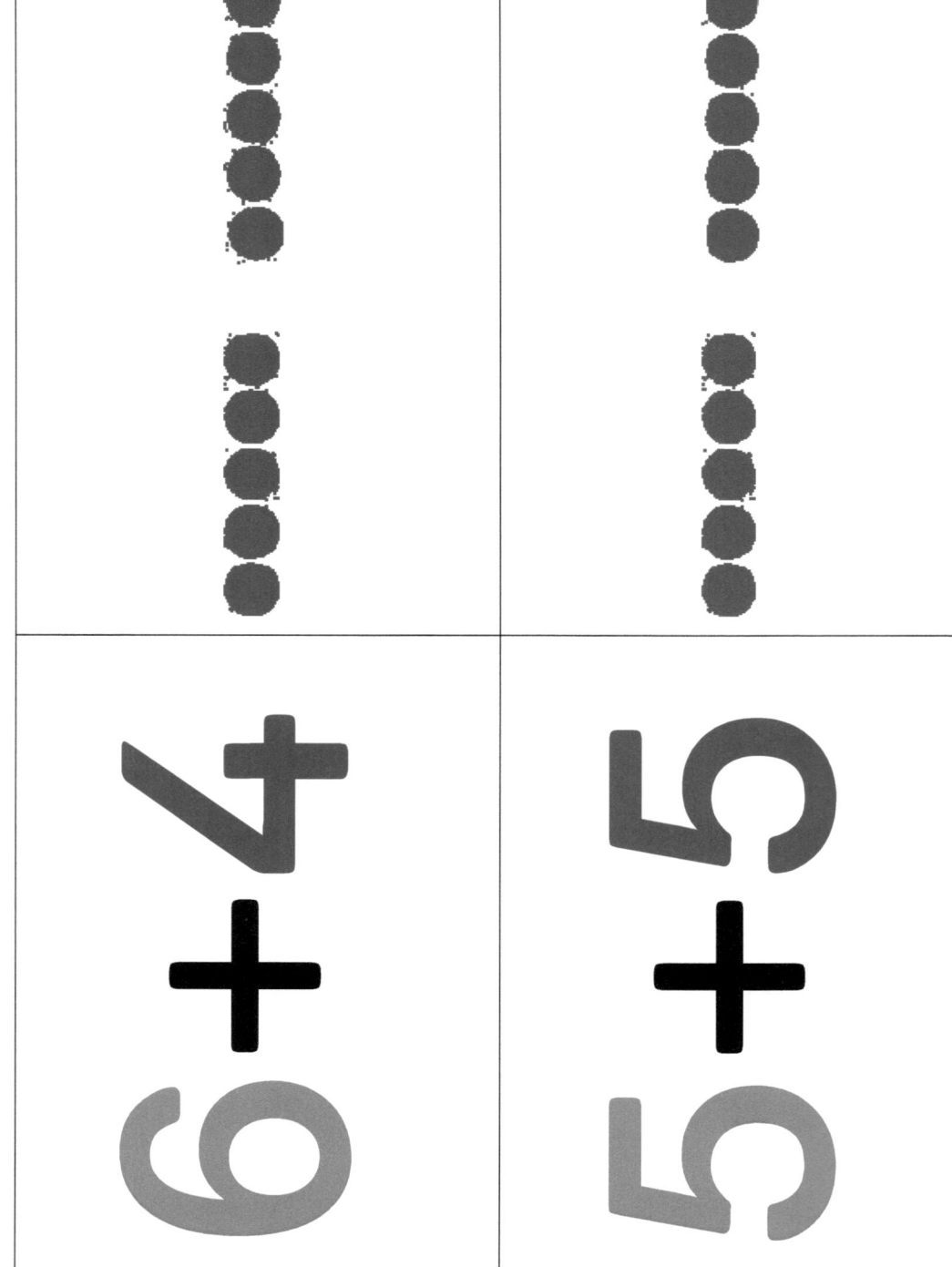

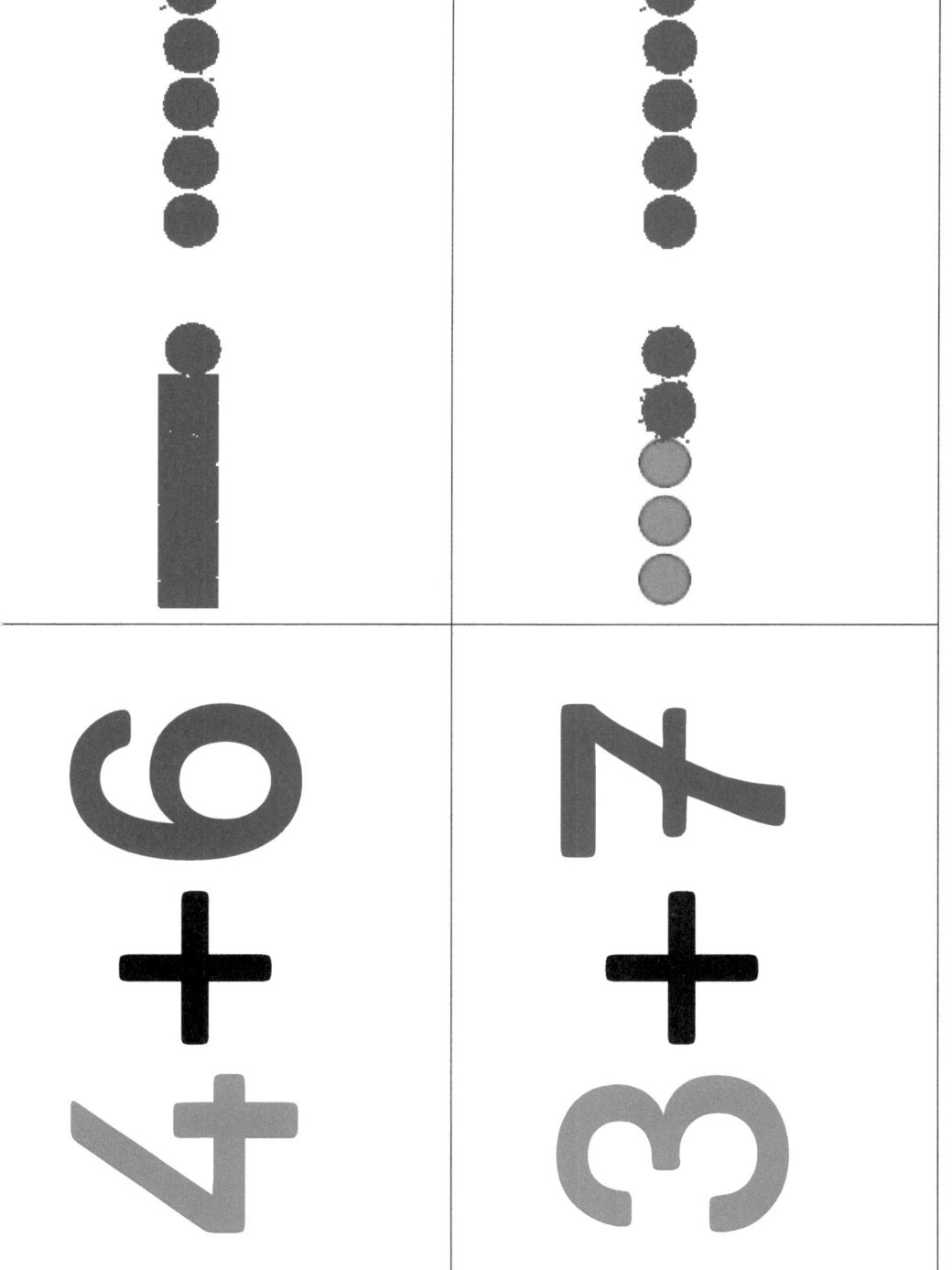

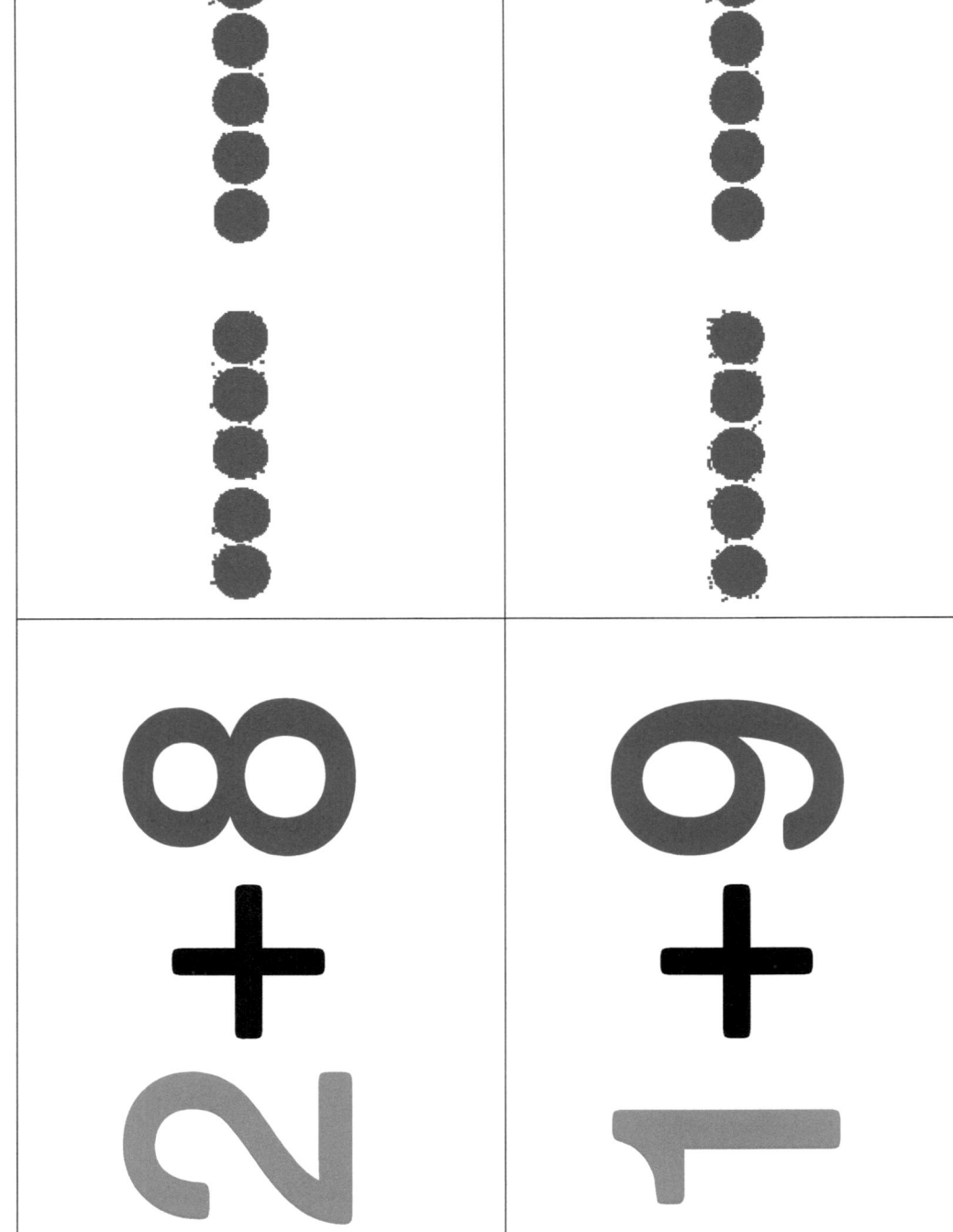

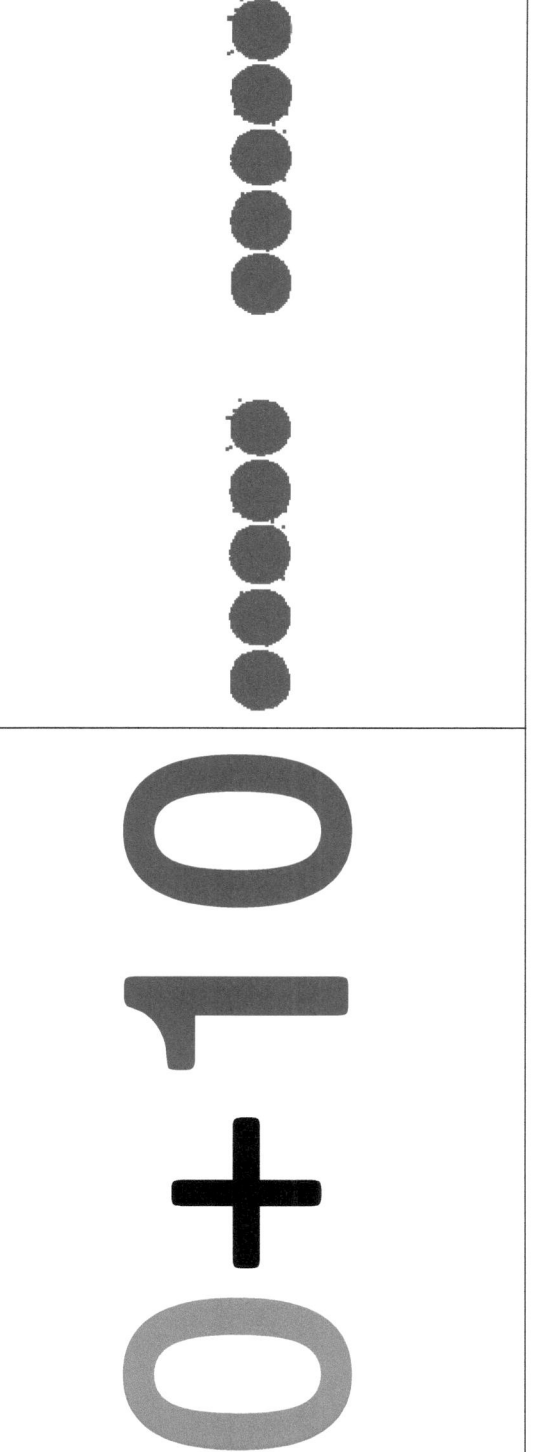

Name:_____

1	
2	
3	
4	
5	

Name: _____

1	
2	
3	
4	
5	

Lösung

1	5+5
2	6+4
3	1+9
4	7+3
5	2+8

Name: _____

1	5+5
2	6+4
3	1+9
4	7+3
5	2+8